Avinash Kumar Rai
Sumit Rai
Pankaj Kumar

Efeito do enxofre no desempenho do trigo

Avinash Kumar Rai
Sumit Rai
Pankaj Kumar

Efeito do enxofre no desempenho do trigo

ScienciaScripts

Imprint

Cover image: www.ingimage.com

This book is a translation from the original published under ISBN 978-3-659-86679-1.

Publisher:
Sciencia Scripts
is a trademark of
Dodo Books Indian Ocean Ltd. and OmniScriptum S.R.L publishing group

120 High Road, East Finchley, London, N2 9ED, United Kingdom
Str. Armeneasca 28/1, office 1, Chisinau MD-2012, Republic of Moldova, Europe
Managing Directors: Ieva Konstantinova, Victoria Ursu
info@omniscriptum.com

Printed at: see last page
ISBN: 978-620-8-56761-3

ÍNDICE

Capítulo - I INTRODUÇÃO

O trigo (***Triticum aestivum* L.**) é a segunda cultura alimentar mais importante do país, contribuindo com quase um terço da produção total de géneros alimentícios. A área cultivada com trigo tem vindo a aumentar constantemente desde o início da revolução do trigo, em 1967, e a sua produção e produtividade registaram um aumento tremendo. A área de trigo aumentou de 12,8 mha em 1966-77 para 28,15 mha em 2007-2008. Durante o mesmo período, a produção aumentou de 11,4 para 78,4 milhões de toneladas e a produtividade subiu de 887 kg/ha para 2785 kg/ha. A Índia, em termos de produção e de superfície, ocupa atualmente o segundo lugar entre os países produtores de trigo do mundo. A produção mundial total de trigo está estimada em 605,9 milhões de toneladas, a partir de 216,6 milhões de hectares durante 2005-2006, para os quais contribuiu com 11,4% (***Tondon, 2009***).

O enxofre é essencial para a síntese de proteínas, vitaminas e aminoácidos essenciais que contêm enxofre e está também associado ao metabolismo do azoto. O enxofre melhora o rendimento e a qualidade das culturas (***Patel e Patel, 1994***). A deficiência de enxofre no solo está a aumentar com a intensificação da agricultura. As variedades que respondem aos fertilizantes aceleraram o esgotamento do enxofre no solo, mesmo a uma profundidade menor (***Pillai 1994***). O uso contínuo de fertilizantes sem enxofre resultou numa deficiência generalizada de enxofre nos solos indianos e tornou-se mais benéfico em solos de textura ligeira com baixo teor de matéria orgânica (***Sinha et al. 1995***). A informação sobre o efeito do enxofre no rendimento, na qualidade e na absorção de nutrientes na cultura do trigo é limitada. Por conseguinte, o presente estudo, intitulado **"*Efeito dos níveis de enxofre nas propriedades físico-químicas do solo e no rendimento do trigo* (*Triticum aestivum* L.)"**, foi realizado com o seguinte objetivo

(i) Determinar o efeito da aplicação de enxofre nas propriedades físico-químicas do solo sob a cultura do trigo

(ii) Estudar a influência da nutrição com enxofre no crescimento e no rendimento da cultura do trigo

(iii) Avaliar o efeito dos níveis de enxofre na absorção de nutrientes pela cultura do trigo

Capítulo - II REVISÃO DA LITERATURA

Apresenta-se de seguida uma breve descrição dos trabalhos anteriores sobre o efeito da aplicação de enxofre nas propriedades do solo e no desempenho do trigo:

Segundo Tondon (1970), as plantas de trigo deficientes em enxofre apresentam muitos sintomas, como folhas verdes claras a amareladas, plantas pequenas, crescimento retardado e filtragem deficiente. Num estudo em estufa realizado em quatro tipos de solos recolhidos em diferentes locais do Rajastão, observou-se o maior crescimento da cultura do trigo com 90 kg S ha^{-1}. A aplicação de enxofre através de 150 mg de sulfato kg^{-1} de solo antes da sementeira ou 14, 21 e 28 dias após a emergência aumentou o crescimento do trigo de primavera em comparação com o controlo.

Das e Dutta (1973) observaram que a aplicação de enxofre na rotação arroz-trigo aumentou o rendimento de grãos de ambas as culturas até à quinta colheita. A sexta colheita de trigo não mostrou resposta à aplicação de enxofre.

Tesrling e Erofeev (1973) relataram os teores de enxofre total e SO4 de várias partes das plantas em diferentes fases de desenvolvimento. Verificaram que o teor de SO4 era uma melhor indicação do estado de enxofre da planta do que o teor de enxofre total.

Wallian e Sharpless (1974) referiram que a concentração de N nas folhas índice era uma função linear direta da concentração de enxofre e até aos níveis que davam um rendimento máximo. O azoto e o enxofre foram equilibrados de forma semelhante em níveis deficientes de ambos os elementos. Uma estimativa adequada da concentração crítica de elementos críticos não pode ser feita a menos que ambos sejam adequadamente fornecidos.

Raming et al. (1975) realizaram uma experiência sobre a relação entre o azoto e o enxofre no trigo branco macio de inverno no estado do Noroeste e referiram que a primeira colheita de trigo após a fertilização não respondeu ao enxofre, quando o azoto era deficiente ou o enxofre ótimo aplicado com excesso de azoto aumentava a palha mas não o rendimento do grão. Foram observadas interações significativas entre o azoto e o enxofre. O enxofre residual aumentou o rendimento da palha em todas as culturas de trigo e o rendimento do grão em 4 época 30 de duas terças e 2 de duas quartas culturas de trigo. Todas as taxas de aplicação de enxofre deram aumentos de rendimento semelhantes na segunda cultura de trigo.

Ruhal (1975 a) obteve o maior rendimento de trigo com 80 kg S ha^{-1}. **Ruhal (1975 b)** verificou que a aplicação de 90 kg S ha^{-1} aumentou significativamente o rendimento do milho num solo deficiente em enxofre do Rajastão.

Ismunadji et al. (1975) observaram que, no solo de jakenon, a aplicação de enxofre era mais eficaz quando aplicada em conjunto com os teores de N, P, K e S, sendo mais crítica do que o teor de P. O sulfato de amónio e o sulfato de sódio foram ambos eficazes na superação da deficiência de S.

Ivanic et al. (1977) efectuaram uma cultura em vaso com (30 kg) de capacidade contendo podzol arenoso, cevada de primavera CV. **Favont** recebeu 5 gN.+5.2g P+13.3g K $plot^{-1}$ e 0, 1.6, 3.2 ou 4.8 g Sulphur $plot^{-1}$ respetivamente. O enxofre aplicado aumentou o rendimento médio de grãos em 5,4, 12,7 e 17,8 por cento nas 3 rotações, respetivamente, mas não afectou o rendimento de palha.

Ismunadji e Miyake (1978) efectuaram uma experiência em vaso para conhecer o efeito do enxofre no rendimento e no teor de aminoácidos do arroz. O enxofre elementar foi aplicado 1, 2 ou 3 semanas antes da transplantação. A aplicação de enxofre aumentou o rendimento de grãos em 2-3 vezes do que o tratamento sem enxofre.

Yashida e Chaudhary (1979) relataram que o teor crítico de enxofre da palha para o peso seco máximo variou de 0,16% no perfilhamento a 0,06% na maturidade. Em ensaios em vasos, a aplicação de fertilizantes sem S e a deficiência de S induzida pela água mineralizada no solo não foram consideradas deficientes em S. Os resultados demonstraram a importância do fornecimento de S na água irrigada.

Randhall et al. (1981) estudaram o efeito da fertilização com enxofre (0, 6, 12, 15, 25 e 50 kg ha^{-1}) e azoto (0, 200, 400 kg $ha^{-1)}$ na cultura do trigo e relataram uma resposta substancial no rendimento de grãos de ambos sob aplicação de azoto e enxofre. Em todos os níveis de enxofre aplicado, verificou-se um aumento significativo do rendimento a partir do primeiro incremento de azoto, mas não se verificou qualquer aumento no segundo.

Moss et al. (1981) referiram que a aplicação de azoto e enxofre acelerou a absorção de enxofre na cultura do trigo. Verificou-se que o teor de enxofre variava de 0,8 a 0,15 por cento no grão de trigo.

Tiwari et al. (1983) realizaram uma experiência em casa de vegetação para estudar o efeito da fertilização com enxofre no arroz em solos do distrito de Kanpur (U.P.) e relataram o aumento do rendimento de grãos de arroz pela aplicação de enxofre em mais de 10%, sendo o mais alto 30%.

Panda e Nayak (1984) relataram que a aplicação de S aumentou significativamente o número de 1000 grãos de peso em "Jaya" e "Ratna" em diferentes locais.

Hernazdez et al. (1986) relataram que o rendimento máximo do arroz foi obtido com a aplicação de 30 kg de NH4 SO4 ha^{-1}.

Babiker et al. (1 986) relataram que a aplicação de fertilizante a 25, 50 ou 75 kg $(NH_4)_2$ SO4 ha^{-1}. No viveiro e no campo, aumentou a área foliar, os dados de cabeçalho, a altura da planta, a capacidade de perfilhamento, os perfilhos produtivos, o comprimento da panícula, o número de grãos cheios e não cheios por panícula, o peso de 1000 grãos, o peso da panícula e o índice de colheita.

Chein et al. (1987) relataram que o valor da eficácia relativa dos elementos do enxofre elementar em pó para o rendimento de grãos era de 78% em relação ao gesso quando ambos os fertilizantes eram aplicados à superfície a taxas de até 40 mg de enxofre por kg. Verificou-se que a ureia derretida com bagaço é significativamente menos eficaz do que a ureia derretida em pó em termos de aumento do rendimento de grãos de arroz a uma taxa de 90 mg ha^{-1}. A ureia derretida com puré foi aproximadamente 61% mais eficaz do que o gesso no aumento da produção de grãos de arroz quando incorporada no solo a 20 mg S/kg.

Islam et al (1987) referiram que o rendimento do arroz aumentou cerca de 8 por cento com a aplicação de 30 kg S/ha de gesso.

Russell e Chapman (1988) relataram que a aplicação de 11.546.0 mg S pot^{-1} como ácido sulfúrico aumentou a matéria seca de rebentos e o rendimento por vaso até 85 gm. A adição de ácido nítrico ou fosfórico a vasos de arroz deu um rendimento muito baixo de 3- 4 g. Dm vaso $^{-1}$ na ausência de enxofre adicionado, mas deu um rendimento de matéria seca de 58-67 g vaso $^{-1}$ com sulfato de potássio. O ácido sulfúrico sozinho deu um alto rendimento de matéria seca e o sulfato de potássio não teve nenhum efeito adicional.

Khandekar e Sinde (1991) referiram que a aplicação de S ha^{-1} tem um efeito significativo no teor de fósforo na planta em diferentes fases de crescimento da cultura, sendo mais baixo no controlo e mais alto com 40 kg S ha^{-1}. Isto mostra a relação sinérgica entre as doses de S e o teor de fósforo.

Anand (1991) registou uma resposta positiva significativa da cultura do arroz à aplicação de S em solos sódicos. Os solos sódicos foram considerados deficientes em S.

Sagwal e Vijay (1994) relataram que no solo franco-arenoso, o rendimento de grãos de arroz variou de 1,6 t/ha sem fertilizantes a 2,59 toneladas ha^{-1} com N.P.K.S.

Singh et al. (1995) descobriram que a aplicação de S juntamente com NPK nas doses recomendadas aumentou significativamente o rendimento de grãos e palha na cultura do arroz.

Baba (1995) relatou que o teor de proteína variava de 6,56 a 12,86% quando 90 kg. de nitrogênio por hectare foi aplicado.

Tripathi et al. (1996) referiram que a aplicação de enxofre tem um efeito positivo significativo nas proteínas e nos aminoácidos que contêm S no grão-de-bico. O aminoácido contendo enxofre aumentou significativamente com o aumento da dose de enxofre.

Gukova et al. (2000) observaram que o tratamento de sementes com enxofre aumentou significativamente o rendimento da cultura do arroz.

Singh e Sakal (2002) referiram que o número de grãos e o peso seco do arroz aumentaram na cultura de arroz tratada com enxofre.

Nandram (2003) referiu que a adição de SO4 e FYM juntamente com 100 por cento de NPK aumentou o rendimento médio do grão de arroz em 12 e 14 por cento e o do trigo em 13 e 16 por cento, respetivamente. A aplicação de S e FYM juntamente com 100 por cento de NPK resultou num aumento da absorção de S do solo.

Mishra (2003) efectuou uma experiência de campo com a cultura da mostarda (Varuna) com quatro níveis de S (0, 20, 40 e 60 kg S ha^{-1}) e K (0, 30, 60 e 90 K2O ha^{-1}) nas épocas de rabi, mostrando que a cultura da mostarda respondeu significativamente à aplicação de S e K. O rendimento das sementes e do caule aumentou de forma linear até 40 kg S ha^{-1} e 60 kg K2O ha^{-1}. O enxofre mostrou uma relação de efeito sinérgico com o potássio. A absorção de N, K e S na maturidade foi significativamente afetada pelos tratamentos. A absorção de P aumentou significativamente até 40 kg S ha^{-1} e depois diminuiu significativamente. A percentagem de utilização de K e S adicionados foi máxima quando foram aplicados os níveis mais baixos de K e S. A proteína do óleo e o conteúdo total de S-aminoácidos aumentaram significativamente com a aplicação de S e K.

Setia e Sharma (2004) estudaram o efeito da aplicação contínua de N, P e K a uma sequência anual de milho-trigo durante 22 anos sobre as alterações nos reservatórios químicos de enxofre no solo e o seu efeito no rendimento das culturas e na absorção de enxofre, a partir da fração de S solúvel no calor e solúvel na água. A absorção de enxofre pela planta continuou a aumentar com a idade da planta. A associação entre o teor de S na camada superior (0-15 cm.) e a concentração de S e a sua absorção pelo trigo foi significativa na fase de perfilhamento, enquanto a última mostrou uma associação significativa numa ou noutra parte da planta.

Singh e Singh (2004) estudaram a interação entre o enxofre e o fósforo em experiências de campo num solo deficiente em S e médio em P, utilizando a grama preta como cultura de ensaio. O rendimento de grãos, palha e matéria seca total e seca total aumentou com a aplicação de S e P. A aplicação de enxofre aumentou o teor de S e P nas sementes e na palha. O S aplicado aumentou e o P diminuiu o teor de proteínas nos grãos. As alterações na relação N:S no grão foram afectadas pela aplicação de S e P. O efeito antagónico dos fertilizantes S e P na absorção e utilização um do outro foi mais evidente quando ambos foram aplicados em conjunto.

Dixit e Patro (2005) relataram que a absorção total de NPK e S aumentou com a aplicação de NRC e S, exceto a absorção de P, que diminuiu ligeiramente com a aplicação de S. A absorção de NPK e S aumentou com o aumento da densidade de plantas.

Khan et al. (2006) observaram que o rendimento e os componentes do rendimento do milho foram significativamente melhorados com a aplicação de S em comparação com o controlo, o enxofre a 60 kg ha^{-1} produziu o rendimento mais elevado de matéria fresca, matéria seca, palha, 1000 grãos e peso total de grãos. A aplicação de S acima de 60 kg ha^{-1} reduziu o rendimento e os componentes do rendimento, sugerindo uma curva clássica de resposta ao rendimento.

Jut e Yadav (2096) relataram que o teor total de enxofre em solos de cultivo de mostarda do distrito de Jaipur variou de 101,30 a 302,40 mg kg^{-1} com o valor médio de 154,28 mg kg^{-1}. O valor de S orgânico, SO4-S e não sulfato - S foi de 36,39, 14,52 e 102,12 mg kg^{-1}, respetivamente. Todas as formas de enxofre apresentaram uma correlação significativa e positiva com o carbono orgânico, o que indica que o enxofre é parte integrante da matéria orgânica do solo. Os estudos de correlação entre a argila siltosa e a forma de enxofre indicam que uma quantidade apreciável de S foi adsorvida em fracções mais finas do solo. Foi observada uma correlação significativa e negativa com a areia, mas não houve correlação significativa com o pH do solo, exceto com o SO4-S. A regressão múltipla descendente revelou que o carbono orgânico teve um impacto maior nas diferentes fracções de S, seguido da textura do solo.

Biswapati et al. (2006) observaram a transformação do enxofre aplicado na fração do solo em condições submersas na presença e ausência de matéria orgânica adicionada e a sua relação com a nutrição de enxofre das plantas de arroz. Os resultados mostraram que a aplicação de matéria orgânica provocou uma diminuição da concentração de enxofre nos rebentos e nas raízes das plantas de arroz. O teor de enxofre nas plantas mostrou que a aplicação de matéria orgânica aumentou a previsibilidade do fertilizante.

Sedberry et al. (2006) referiram que a aplicação de S resultou num aumento significativo da absorção de N pela planta de arroz em cada uma das três fases de desenvolvimento da planta. A aplicação de S também resultou num aumento relativamente grande e significativo da absorção de S do solo, independentemente do pH do solo.

Jat e Mehra (2007) efectuaram experiências de campo durante dois anos com mostarda (*Brassica juncea* L.), como cultura de ensaio em Haplustepts com cinco doses de enxofre (0,20,40,60 e 80 kg S $ha^{-1)}$. O rendimento das sementes e do caule aumentou significativamente até à aplicação de 40 kg de S. A aplicação de 60 kg S ha^{-1} aumentou significativamente o teor de azoto, fósforo, potássio e enxofre aos 30, 60 e 90 DAS e na colheita em ambos os anos de experimentação. A absorção de azoto, fósforo, potássio e enxofre aumentou significativamente até à aplicação de 60 kg S ha^{-1}, exceto a absorção de azoto e potássio na semente, onde só se registou um aumento significativo até 40 kg S ha^{-1}.

Badhe e Landhe (2008) relataram que a aplicação de 56 kg S ha^{-1} trouxe um aumento significativo no rendimento da matéria seca do trigo em 38% em relação ao controlo. A aplicação de 40 kg S ha^{-1} aumentou significativamente a altura da planta, o acúmulo de matéria seca e o total de perfilhos em relação a nenhuma aplicação de enxofre e 20 kg S ha^{-1}.

Arora e Singh (2009) descobriram que a aplicação de enxofre no solo até 60 kg ha^{-1} produziu grãos de trigo arrojados com peso máximo de teste (45,1 g), que foi significativamente maior em 17,14, 9,20 e 2,96 por cento em relação ao controlo, 20 e 40 kg S ha^{-1}, respetivamente.

Shukla e Pandey (2009) observaram que a aplicação de pirites a 3 t ha^{-1} provocou um aumento significativo do número de plantas com 50 cm^{-1} de comprimento de linha na cultura do trigo. A magnitude do aumento foi de 40,73% durante o ano de sucessos em relação ao controlo. Do mesmo modo, nas condições de Jabner, no Rajastão, a pirite aplicada à taxa de 50 por cento GR como emenda do solo, aumentou significativamente o comprimento efetivo da linha de perfilhos m^{-1}, a espiga de $grãos^{-1}$ e o peso de teste do trigo. O aumento foi de 14,39, 6,0 e 9,59 por cento, respetivamente, em relação ao controlo no primeiro ano, enquanto no segundo ano se obteve uma resposta significativa apenas para o comprimento efetivo da espiga dos perfilhos e para os grãos da espiga $^{-1}$.

Das e Datta (2010) relataram que o rendimento de grãos de trigo aumentou até a aplicação de 50 kg S ha^{-1}. Da mesma forma, o rendimento máximo de grãos de trigo foi obtido com a aplicação de 80 kg S ha^{-1}. O autor também registou um aumento significativo no rendimento de grãos de milho com 90 kg S ha^{-1}. Em solos argilosos, 100 kg de S ha^{-1} na forma de enxofre elementar aumentaram o rendimento de grãos de trigo em 9% em comparação com o rendimento da parcela de controlo de 27,96 a ha^{-1}.

Verma e Mehta (2010) obtiveram um aumento significativo do rendimento em palha do trigo até 60 kg S $g^{(-1})$ de solo e um aumento adicional do nível de enxofre a 80 e 120 kg S g^{-1} de solo diminuiu o rendimento em palha. Enquanto o aumento não significativo no rendimento de palha do trigo foi observado com a aplicação de 160 kg S ha^{-1}.

Capítulo - III MATERIAIS E MÉTODOS

Os pormenores dos métodos empregues e dos materiais utilizados durante esta investigação (2009-2010) foram discutidos neste capítulo.

3.1 Sítio experimental

Foi realizada uma experiência de campo durante a estação rabi de 2009-2010 na parcela experimental do Departamento de Química Agrícola e Ciência do Solo, Faculdade Autónoma Udai Pratap, Varanasi. Os solos de Varanasi são formados por aluviões depositados pelo rio Ganga e têm predominância de minerais de ilite, quartzo e feldspato, sendo os minerais de ilite parcialmente herdados das micas, que predominam nas fracções de areia e lodo. As propriedades físico-químicas salientes das parcelas experimentais são apresentadas no quadro 1.

3.2 Detalhes experimentais

3.2.1 Detalhes do tratamento

O tratamento consistiu em cinco níveis de enxofre (0, 15, 30, 45 e 60, kg S ha^{-1}). Os pormenores dos vários tratamentos aplicados ao trigo são os seguintes

T_1 = S_0 = 0 kg S ha^{-1} (Control)

T_2 = S_{15} = 15 kg S ha^{-1}

T_3 = S_{30} = 30 kg S ha^{-1}

T_4 = S_{45} = 45 kg S ha^{-1}

T_5 = S_{60} = 60 kg S ha^{-1}

Quadro-1 Propriedades físico-químicas da parcela experimental antes do início da experiência.

S. Não.	**Parâmetros**	**Conteúdo**
1	Densidade a granel (g/cm^{-3})	1.38
2	Densidade das partículas (g/cm^{-3})	2.65
3	pH (1:2.5)	8.20
4	CE (dSm^{-1})	0.35
5	Carbono orgânico (%)	0.33
6	Azoto disponível (kg ha^{-1})	188.00
7	Fósforo disponível (kg ha^{-1})	10.00
8	Potássio disponível (kg ha^{-1})	186.00
9	Enxofre disponível (kg ha^{-1})	7.00

3.2.2 Conceção e apresentação

A experiência foi desenhada num esquema de blocos aleatórios (RBD) com quatro repetições. O plano de pormenor do esquema é apresentado na fig.-1

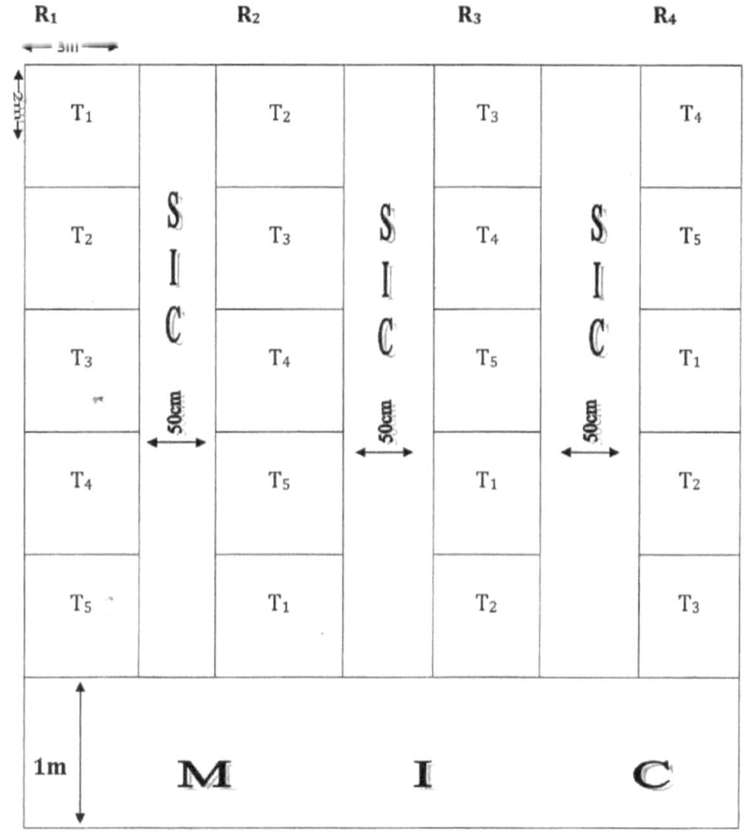

Fig. 1: Planta de implantação da parcela experimental

Número de tratamentos : 5

Número de réplicas : 4

Número total de parcelas : 20 (5×4)

Área líquida da parcela : $8.75m^2$

Principais canais de irrigação : 1 m

Canal de sub-irrigação : 0.5 m

Cultura de teste : Trigo

Variedades : Malviya 234

3:2.3 Preparação do terreno

O campo foi preparado por gradagem cruzada seguida de plantação. Em torno de cada parcela foram feitas ligações para controlar a água nas parcelas. Foi tomado todo o cuidado para nivelar as parcelas uniformemente e as ervas foram removidas das parcelas. Foram feitos canais de irrigação principais e secundários para irrigar cada parcela.

Quadro 2 Calendário das operações culturais efectuadas durante a época de rabi (2009-10) para a cultura do trigo.

Operações	Datado
Irrigação antes da sementeira	4 de dezembro de 2009
Lavoura	11 de dezembro de 2009
Preparação do layout	12 de dezembro de 2009
Aplicação de fertilizantes (dose basal)	13 de dezembro de 2009
Semeadura	13 de dezembro de 2009
Primeira irrigação	03 de janeiro de 2010
Primeira adubação de cobertura com azoto	05 de janeiro de 2009
Primeira operação intercultural	09 de janeiro de 2010
Segunda irrigação	28 de janeiro de 2010
Segunda Operação Intercultural	01 de fevereiro de 2010
Terceira irrigação	21 de fevereiro de 2010
Quarta irrigação	12 de março de 2010
Quinta irrigação	04 abril 2010
Colheita	20 de abril de 2010

Debulha	25 de abril de 2010

3.2.4 Aplicações de fertilizantes

Foram aplicadas as doses recomendadas de azoto, fósforo e potássio 120, 60 e 60 kg ha^{-1} respetivamente. A meia dose de azoto e a dose completa de fósforo e potássio foram aplicadas como dose basal e a quantidade restante de azoto foi aplicada nas fases de perfilhamento e de iniciação da cabeça da espiga da cultura, em igual quantidade.

3.3 Estudos laboratoriais

3:3.1 processamento da amostra de solo

Todas as gramíneas foram removidas da superfície do terreno e foram recolhidas amostras de solo de cada parcela aos 30, 60 e no estádio de maturidade. Os khurpi foram utilizados como instrumentos de amostragem. As amostras foram recolhidas num saco de plástico. As amostras de solo foram secas ao ar e pulverizadas até passarem por um peneiro de 2 mm com orifício redondo. As amostras peneiradas foram armazenadas em sacos de polietileno etiquetados para análise laboratorial.

3.3.2 Parâmetros do solo

3.3.2.1 Densidade aparente do solo

A determinação da densidade aparente foi efectuada com a ajuda de um amostrador; as amostras foram retiradas de 0-15 cm de profundidade. A amostra de solo foi seca num forno elétrico a 105°C até atingir um peso constante e a densidade aparente foi determinada **(Black 1971)**.

$$\text{Bulk Density (g/cm3)} = \frac{\text{Dry weight of soil (g)}}{\text{Total volume of soil (cm}^3\text{)}}$$

Onde,

O volume de solo é o volume interior do coletor de amostras.

3.3.2.2 pH do solo

O pH foi determinado no extrato 1:2,5 solo: água e, após meia hora de equilíbrio, o pH foi determinado com a ajuda do elétrodo de vidro do medidor de pH **(Jackson, 1967)**.

3.3.2.3 . Condutividade eléctrica

A condutividade eléctrica das amostras de solo foi medida em suspensões de água do solo (1:2,5) a 25°C Ponte CE **(Bower e Wilcox, 1965)**.

3.3.2.4 Carbono orgânico

O carbono orgânico foi determinado pelo **método de Walkley e Black (1936)** modificado, tal como descrito por **Jackson (1967)**.

3.3.2.5 Azoto disponível

O azoto disponível foi determinado pelo método do permanganato de potássio alcalino **(Subbiah e Asija 1956)**.

3.3.2.6 Fósforo disponível

O fósforo disponível foi determinado pelo método de Olsen **(Olsen's et al. 1954)**.

3.3.2.7 Potássio disponível

O potássio disponível foi determinado pelo método do acetato de amónio **(Honway e Heidel, 1952)**.

3.3.2.8 Enxofre disponível

O enxofre disponível no solo foi determinado pelo método turbidimétrico **(Chesnin e Yien, 1950)**.

3.3.3 Parâmetros da planta

3.3.3.1 Número de perfilhos

A contagem do número de perfilhos foi feita num intervalo de 30 dias. Em cada parcela, uma área quadrada de um metro foi selecionada para a contagem do número de perfilhos. Os dados foram expressos como número de perfilhos por metro quadrado.

3.3.3.2 Altura da planta

Altura das plantas de plantas marcadas registadas em cada parcela em diferentes

fases. Cinco colinas da área marcada foram selecionadas aleatoriamente e marcadas em

A altura foi medida desde a base da planta até à ponta da folha superior mais madura e esticada antes da emergência da espiga e desde a base da planta até à ponta da espiga após a sua emergência. A média de todas as observações em cada parcela foi calculada e designada como altura média da planta.

3.3.3.3 Colheita e debulha

A área da parcela líquida foi colhida após a remoção da borda em bruto. O produto foi recolhido em pequenas porções e deixado no campo para secagem. Depois de uma semana de secagem, o peso da semente foi registado e debulhado.

3.3.3.4 Rendimento de grãos e palha

Após a debulha, o peso do grão foi registado e ajustado a 20-30% de humidade, o rendimento da palha de trigo foi calculado subtraindo o rendimento de ganho do rendimento biológico total.

3.3.3.5 Análise estatística

Os dados recolhidos no campo e no laboratório foram analisados estatisticamente usando o procedimento padrão de desenho de blocos rardomizados **(Chandel 2001)**. A diferença crítica (C.D.) e o erro padrão da média (SEM) foram calculados para determinar a significância entre as médias dos tratamentos.

Capítulo - IV RESULTADOS E DISCUSSÃO

Os resultados obtidos relativamente ao efeito dos níveis de enxofre nas propriedades físico-químicas do solo e no crescimento e rendimento das culturas de trigo. Os tratamentos consistiram em cinco níveis de enxofre (0, 15, 30, 45 e 60 kg S ha^{-1}) e a experiência foi organizada num esquema de blocos aleatórios com três repetições. Os resultados e a discussão desta investigação são apresentados sob os seguintes títulos

4.1 Efeito da aplicação de enxofre nas propriedades físico-químicas do solo

4.2 Efeito dos níveis de enxofre no crescimento e no rendimento da cultura do trigo

4.3 Efeito da aplicação de enxofre no teor e absorção de nutrientes

4.1 Efeito da aplicação de enxofre nas propriedades físico-químicas do solo.

4.1.1 Carbono orgânico

Os dados obtidos relativamente ao teor de carbono orgânico do solo sob diferentes tratamentos com enxofre, medidos aos 30, 60 e no estádio de maturidade da cultura do trigo durante 2009-2010, são apresentados no quadro 1.

Em geral, o teor de carbono orgânico das parcelas de trigo sob vários tratamentos aumentou com o aumento dos níveis de enxofre e o teor de carbono orgânico significativamente mais elevado foi registado com T5 (60 kg S $ha^{-1)}$ sobre o controlo em todas as fases de crescimento. O teor de carbono orgânico das parcelas de trigo foi de 0,43, 0,45, 0,46, 0,48 e 0,49% aos 30 DAS, 0,40, 0,42, 0,44, 0,46 e 0,47% aos 60 DAS e 0,36, 0,37, 0,40, 0,42 e 0,43% na maturidade, respetivamente. O teor de carbono orgânico das parcelas de trigo aumentou com o aumento dos níveis de enxofre, o que pode dever-se ao facto de o enxofre ser parte integrante da matéria orgânica do solo e, por conseguinte, ter uma correlação significativa e positiva com o carbono orgânico e com os resíduos vegetais mais elevados sob a forma de tecidos e exsudados vegetais, devido a uma maior produção de biomassa no solo tratado com enxofre. **(Jat e Yadav 2006, Patra et al. 1997 e Singh, 2007)**.

4.1.2 Azoto disponível

Os dados relativos ao efeito de diferentes níveis de enxofre no teor de azoto disponível no solo das parcelas de trigo são apresentados no quadro 2.

O teor de azoto disponível no solo apresentou, em geral, uma tendência decrescente a partir dos 30 DAS até à fase de maturidade da cultura do trigo. Aumentou com o aumento dos níveis de enxofre em todas as fases de crescimento. O teor de azoto disponível foi significativamente mais elevado com a aplicação de 60 kg S ha^{-1} em comparação com os outros tratamentos em todas as fases de crescimento, exceto aos 30 DAS, onde se manteve ao mesmo nível do T4. O teor de azoto disponível na fase de maturidade foi de 187,7, 200,8, 206,6, 222,2 e 231,1 kg ha^{-1} nos tratamentos T1, T2, T3, T4 e T5, respetivamente. Estes resultados estão de acordo com os de **Anwar et al. (1997) e Singh et al. (2007)**, que relataram um aumento do teor de azoto do solo com o aumento do nível de aplicação de enxofre na cultura da hortelã. O aumento da quantidade de enxofre e do teor de azoto disponível no solo pode dever-se ao facto de o enxofre ajudar a retardar a atividade microbiana, diminuindo assim as perdas de azoto por diferentes mecanismos. **Bains et al. (1971)**. Os dados apoiam assim a hipótese de que o enxofre tem algumas propriedades inibidoras da urease e da nitrificação.

4.1.3 Fósforo disponível

Os resultados obtidos nas parcelas experimentais no que respeita ao teor de fósforo disponível no solo são apresentados no quadro 3.

Como é evidente a partir do resultado, o conteúdo de fósforo disponível no solo das parcelas de trigo diminuiu drasticamente até 60 DAS e, depois disso, ocorreu uma pequena variação até o estágio de maturidade. O efeito de diferentes tratamentos com enxofre no conteúdo de fósforo disponível pode ser organizado na ordem de $T_5 > T_4 > T_3 > T_2 > T_1$ e os valores variaram de 18,4 a 24,6, 17,6 a 23,8, 12,2 a 21,8, 13,9 a 19,6 e 10,7 a 18,5 kg ha^{-1} sob os respectivos tratamentos. A aplicação de 60 kg S ha^{-1} registou um teor de fósforo disponível significativamente mais elevado em comparação com o controlo em todas as fases de crescimento. A disponibilidade de fósforo aumentou com a aplicação sucessiva de enxofre na parcela de trigo, uma vez que o enxofre se mineraliza e solubiliza o fósforo nativo, bem como o fertilizante fosfático aplicado, e acumula a reserva ativa na solução do solo. Resultados semelhantes foram também registados por **Singh et al. (2007)** na hortelã.

4.1.4 Potássio disponível

Os resultados obtidos relativamente ao efeito de vários níveis de enxofre no teor de potássio disponível na cultura do trigo em diferentes fases de crescimento são apresentados no quadro 4.

O teor de potássio disponível no solo diminuiu gradualmente em todos os tratamentos de 30 para a fase de maturidade. O teor de potássio disponível nas parcelas de trigo foi de 214,6, 223,3, 226,3, 231,0 e 235,0 kg ha^{-1} aos 30 DAS e 182,6, 191,3, 198,3, 204,0 e 210,0 kg ha^{-1} no final da experiência nos tratamentos T_1, T_2, T_3, T_4 e T5, respetivamente. Foi registado um teor de potássio disponível significativamente mais elevado com a aplicação de 60 kg S ha-1 em comparação com o controlo, 15 e 30 kg S ha^{-1}, enquanto foi estatisticamente semelhante com a aplicação de 45 kg S ha^{-1}. Resultados semelhantes foram também obtidos por **Singh et al. (2007)** e **Verma et al. (2008)** em culturas de hortelã e girassol, respetivamente. Os resultados estão em conformidade com os de **Anwar et al. (2002)** e **Verma et al. (2010)**, que relataram que o aumento da dose de aplicação de S aumentou o teor de P disponível.

4.1.5 Enxofre disponível

Os dados relativos ao efeito de diferentes tratamentos com enxofre no teor de enxofre disponível no solo sob a cultura do trigo, medido nos estádios 30, 60 e de maturidade, são apresentados no quadro 5.

Em geral, o teor de enxofre disponível no solo diminuiu continuamente em todos os tratamentos de 30 a 120 DAS. Em relação ao teor de enxofre disponível no solo, os tratamentos com enxofre podem ser organizados na ordem de T5> T4> T3 > T2> T1. Níveis crescentes de enxofre aumentaram progressivamente o teor de enxofre disponível das parcelas de trigo de 7,2 para 10,2, 8,02 para 11,9,10 para 13,5,12 para 15,3, e 13 para 18,3 kg ha^{-1} nos tratamentos T1, T2, T3, T4, e T5, respetivamente. Como é evidente a partir dos resultados, o teor de enxofre disponível foi significativamente maior nos tratamentos T5 em comparação com T4, T3, T2 e T1 em todos os estágios de crescimento, exceto aos 60 DAS e nos estágios de maturidade, onde estatisticamente não foi observada diferença significativa entre T5 e T4. A diminuição do teor de enxofre no solo com o aumento do tempo de crescimento pode ser atribuída ao aumento das necessidades de enxofre do trigo com a idade. A maior concentração de enxofre nas parcelas que receberam maior quantidade de enxofre é óbvia, uma vez que a quantidade de enxofre não absorvido também aumentou com a quantidade adicionada de enxofre. Os resultados confirmam as conclusões de **Anwar et al. (2002) e Singh et al. (2007)** sobre a hortelã japonesa.

4.1.6 pH do solo

Os dados do pH do solo sob diferentes níveis de aplicação de enxofre medidos aos 30, 60 e no estágio de maturidade foram apresentados na tabela-6.

O pH do solo das parcelas de trigo mostrou uma tendência de aumento contínuo desde os 30 DAS até à maturidade em todos os tratamentos e foi encontrado na ordem de T1> T2> T3> T4> T5. O pH do solo variou de 8,15 a 7,65, 7,93 a 7,39, 7,57 a 7,20, 6,87 a 6,56 e 7,00 a 6,74 nos respectivos tratamentos.

O pH do solo diminuiu com o aumento dos níveis de enxofre, o que pode ser atribuído ao facto de o enxofre, após oxidação biológica, produzir ácido sulfúrico, responsável pela diminuição do pH com o aumento do nível de aplicação de enxofre. **(Singh et al. 2007 e Verma et al. 2008)**.

Quadro-1 Efeito da aplicação de enxofre no teor de carbono orgânico (%) do solo sob cultura de trigo

Tratamentos	Dias após a sementeira		
	30	60	No vencimento
T_1	0.43	0.40	0.36
T_2	0.45	0.42	0.37
T_3	0.46	0.44	0.40
T_4	0.48	0.46	0.42
T_5	0.49	0.47	0.43
SEm ±	0.0126	0.0127	0.0124
CD (P=0,05)	0.0412	0.0415	0.040

Quadro-2 Efeito de diferentes níveis de enxofre no teor de azoto disponível (kg ha ^{1}) do solo sob cultura de trigo

Tratamentos	Dias após a sementeira		
	30	60	No vencimento
T_1	222.7	211.7	187.7
T_2	236.8	221.8	200.8
T_3	241.6	227.6	206.6
T_4	254.2	241.2	222.2
T_5	260.5	248.1	231.1
SEm ±	3.107	3.641	1.1165
CD (P=0,05)	10.131	1.116	3.641

Quadro-3 Teor de fósforo disponível (kg ha^{-1}) do solo sob a cultura do trigo, influenciado pela aplicação de enxofre

Tratamentos	**Dias após a sementeira**		
	30	**60**	**No vencimento**
T_1	18.5	15.5	10.7
T_2	19.6	18.8	13.9
T_3	21.8	16.6	12.2
T_4	23.8	21.8	17.6
T_5	24.6	22.6	18.4
SEm ±	0.798	0.5528	0.3053
CD (P=0,05)	2.602	1.803	0.9957

Quadro-4 Teor de potássio disponível (kg ha^{-1}) nas parcelas de trigo, influenciado pela aplicação de enxofre

Tratamentos	**Dias após a sementeira**		
	30	**60**	**No vencimento**
T_1	214.6	202.6	182.6
T_2	223.3	211.3	191.3
T_3	226.3	215.3	198.3
T_4	231.0	220.0	204.0
T_5	235.0	222.0	210.0
SEm ±	1.674	1.8318	3.0965
CD (P=0,05)	5.459	5.974	10.098

Quadro-5 Teor de enxofre disponível (kg ha^{-1}) no solo da cultura do trigo, influenciado pela aplicação de enxofre

Tratamentos	Dias após a sementeira		
	30	**60**	**No vencimento**
T_1	10.2	9.00	7.2
T_2	11.9	10.0	8.0
T_3	13.5	12.0	10.0
T_4	15.3	14.0	12.0
T_5	18.3	15.8	13.0
SEm ±	0.659	1.444	1.1807
CD (P=0,05)	2.149	3.733	3.8507

Tabela-6 Efeito de várias doses de aplicação de enxofre no pH do solo sob a cultura do trigo

Tratamentos	Dias após a sementeira		
	30	**60**	**No vencimento**
T_1	7.65	7.91	8.15
T_2	7.39	7.69	7.93
T_3	7.20	7.39	7.57
T_4	6.56	6.66	6.87
T_5	6.74	6.84	7.00
SEm ±	0.02	0.046	0.0559
CD (P=0,05)	0.06	0.1512	0.1825

Quadro-7 Efeito da nutrição com enxofre na CE do solo (dSm^{-1}) na cultura do trigo

Tratamentos	Dias após a sementeira		
	30	**60**	**No vencimento**
T_1	0.28	0.30	0.31
T_2	0.26	0.29	0.32
T_3	0.26	0.28	0.30
T_4	0.22	0.25	0.29
T_5	0.21	0.22	0.27
SEm ±	0.0063	0.0053	0.0034
CD (P=0,05)	0.0205	0.174	0.0111

4.1.7 Condutividade eléctrica

Os dados obtidos relativamente ao efeito da aplicação de enxofre na CE das parcelas de trigo são apresentados no quadro 7.

O teor total de sais do solo, expresso pela CE, aumentou continuamente com o aumento do período de crescimento. Além disso, a CE diminuiu com o aumento da dose de enxofre e foi registada significativamente mais baixa nas parcelas aplicadas com 60 kg S ha^{-1} do que no controlo. O valor da CE das parcelas de trigo foi de 0,28, 0,26, 0,26, 0,22 e 0,21 dSm^{-1} aos 30 DAS e 0,35, 0,31, 0,30, 0,29 e 0-27 dSm^{-1} na maturidade sob 0, 15, 30, 45 e 60 kg S ha^{-1} de aplicação, respetivamente.

A diminuição da condutividade eléctrica do solo com a aplicação de enxofre pode ser atribuída ao aumento da acidez após a oxidação do enxofre elementar. Resultados semelhantes foram também registados por **Singh et al. (2007) e Verma et al. (2008)** na cultura da hortelã.

4:2 Efeito dos níveis de aplicação de enxofre no crescimento e

rendimento da cultura do trigo

4.2.1 Altura da planta

A altura da planta da cultura do trigo aumentou continuamente com o avanço dos estágios de crescimento até 120 DAS e também aumentou com níveis crescentes de enxofre em todos os estágios de crescimento e foi encontrada na ordem $T_{(5)}$> T_4> $T_{(3)}$> $T_{(2)}$ > T_1. Foi registada uma altura de planta significativamente maior com o tratamento T5 em comparação com o controlo em todas as fases de crescimento. A altura média das plantas sob os tratamentos T1, T2, T3, T4 e T5 aos 30 DAS foi de 22.1, 24.0, 23.8, 30.7 e 32.8 cm, aos 60 DAS, 53.1, 56.5, 59.1, 63.0 e 64.4 cm e na maturidade, 73.1, 78.4 82.1, 93.1 e 95.00 cm, respetivamente. Resultados semelhantes foram também registados por **Singh et al. (2007)** e **Verma et al. (2000)** sob hortelã japonesa.

4.2.2 Número de perfilhos

O número de perfilhos/m^2 sob diferentes níveis de enxofre aumentou continuamente com o tempo em todos os tratamentos e foi encontrado na ordem $T_{(5)}$> T_4> $T_{(3)}$> $T_{(2)}$ > T_1. A aplicação de 60 kg de S ha^{-1} registrou um número significativamente maior de perfilhos sobre o controle em todos os estágios de crescimento. O número de perfilhos obtidos sob os tratamentos T1, T2, T3, T4 e T5 aos 120 DAS foram 249, 273, 280, 300 e 309 por m^2, respetivamente. Resultados semelhantes foram também registados por **Singh** e **Sahal (2002)** na cultura do arroz e por **Shukle** e **Pandey (2009)** na cultura do trigo.

4.2.3 Rendimento de grãos

Os resultados relativos ao efeito de vários tratamentos de enxofre no rendimento de grãos de trigo são apresentados no quadro 10.

O efeito de diferentes doses de enxofre no rendimento de grãos de trigo foi encontrado na ordem $T_{(5)}$> $T_{(4)}$> $T_{(3)}$> $T_{(2)}$ > $T_{(1)}$ e os valores de rendimento de grãos de trigo foram 32.8, 32.0, 28.5, 25.6 e 18.6 qha^{-1} sob os respectivos tratamentos. A aplicação de 60 kg S ha^{-1} registou um rendimento de grãos significativamente mais elevado do que a aplicação de 0, 15, 30 e 45 kg S ha^{-1}. A diferença nos valores de rendimento de grãos entre os tratamentos T5 e T4 permaneceu igual. Este resultado corroborou as conclusões de **Ivanic et al. (1977), Ruhal (1975), Tiwari et al. (1983), Khan et al. (2006)** e **Das e Dutta (2010)**.

4.2.4 Rendimento em palha

Os resultados obtidos relativamente ao efeito de vários tratamentos do enxofre no rendimento da palha da cultura do trigo são apresentados no quadro 10.

Foi registado um efeito significativo da aplicação de enxofre no rendimento em palha do trigo. O efeito dos diferentes tratamentos de enxofre no rendimento de palha do trigo pode ser organizado por ordem de $T_{(5)} > T_{(4)} > T_{(3)} > T_{(2)} > T_{(1)}$ e os valores foram 47,5, 46,2, 41,5, 37,2 e 29,5 Q ha^{-1}, respetivamente. Registou-se um rendimento de palha significativamente mais elevado com a aplicação de 60 kg S ha^{-1} em relação ao controlo. Resultados semelhantes foram também observados por **Verma e Mehta (2010)**.

Em geral, o crescimento e o rendimento das plantas foram significativamente mais elevados com a aplicação de 60 kg de S ha^{-1} associada a uma maior disponibilidade de N, P, K e S em doses mais elevadas de aplicação de enxofre. Resultados semelhantes foram também registados por **Anwar et al. (2002), Singh et al. (2007), Verma et al. (2008)** na hortelã japonesa e **Badha e Landhe (2008)**.

4.3 Efeito da aplicação de enxofre no teor de nutrientes na cultura do trigo

O teor de nutrientes (N, P. K e S) na cultura do trigo aumentou significativamente com a adição de enxofre em relação ao controlo. O efeito de diferentes tratamentos sobre o teor de nutrientes pode ser organizado na ordem de $T_{(5)} > T_{(4)} > T_{(3)} > T_{(2)} > T_{(1)}$ e os valores de N, P, K e S variaram de 1,25 a 1,66, 0,23 a 0,44, 0,56 a 1,03 e 0,08 a 0,21 por cento, respetivamente, sob diferentes tratamentos. **Verma et al. (2008)** também observaram um efeito significativo da aplicação de enxofre no teor de nutrientes da hortelã-pimenta. Outros trabalhadores também obtiveram resultados semelhantes **(Dixit e Patro, 2005; Sedherry et al. 2006 e Jat e Mehra, 2007)**.

Quadro-8 Altura das plantas (cm) de trigo influenciada pelos níveis de aplicação de enxofre

Tratamentos	Dias após a sementeira		
	30	**60**	**No vencimento**
T_1	22.1	53.1	73.1
T_2	24.0	56.5	78.4
T_3	23.8	59.1	82.1
T_4	30.7	63.0	93.1
T_5	32.8	64.4	95.00
SEm ±	0.784	3.85	1.25
CD (P=0,05)	2.56	12.5	4.10

Quadro-9 Efeito de vários níveis de enxofre no número de perfilhos/m^2 da cultura do trigo

Tratamentos	Dias após a sementeira		
	30	**60**	**No vencimento**
T_1	124	223	249
T_2	127	238	273
T_3	129	249	280
T_4	134	272	300
T_5	135	276	309
SEm ±	1.36	4.34	1.26
CD (P=0,05)	4.43	14.173	4.11

Quadro-10 Rendimento de grãos e palha (Q ha^{-1}) de trigo influenciado pela aplicação de enxofre

Tratamento	Rendimento de grãos (Q ha^{-1})	Rendimento em palha (Q ha^{-1})
T_1	18.6	29.5
T_2	25.6	37.2
T_3	28.5	41.5
T_4	32.0	46.2
T_5	32.8	47.5
SEm ±	0.522	0.466
CD (P=0,05)	1.703	1.521

Quadro-11 Efeito da aplicação de enxofre no teor de N, P, K e S na parte vegetativa % da cultura do trigo

Tratamento	Teor de nutrientes (%)			
	N	P	K	S
T_1	1.25	0.23	0.56	0.08
T_2	1.40	0.29	0.66	0.16
T_3	1.46	0.33	0.78	0.16
T_4	1.59	0.37	0.89	0.18
T_5	1.66	0.44	1.03	0.21
SEm ±	0.0134	0.0062	0.0167	0.0092
CD (P=0,05)	0.0437	0.0202	0.545	0.0298

Capítulo - V RESUMO E CONCLUSÃO

Foi efectuada uma experiência de campo para investigar a influência dos níveis de enxofre nas propriedades do solo, no crescimento da cultura, no rendimento e na absorção de nutrientes pela cultura do trigo. Os tratamentos foram compostos por cinco níveis de S (0, 15, 30, 45 e 60 kg ha^{-1}). A experiência foi realizada em blocos aleatórios (RBD) com quatro repetições. A caraterização do ambiente físico-químico do solo em termos de carbono orgânico, azoto disponível, fósforo, potássio, enxofre, pH, CE e densidade aparente foi feita em diferentes intervalos de tempo (30, 60 e 120 DAS). As amostras de plantas de trigo foram analisadas quanto à absorção de N, P, K e S após a colheita das culturas. Os parâmetros da planta, como altura da planta, número de ramos, rendimento de grãos e palha também foram medidos sob esses tratamentos. Os resultados foram resumidos a seguir.

(I) Em geral, o teor de carbono orgânico do solo das parcelas de trigo apresenta uma tendência decrescente contínua dos 30 aos 120 DAS em todos os tratamentos. O efeito de diferentes tratamentos no conteúdo de carbono orgânico do solo foi encontrado na ordem $T_{(5)} > T_{(4)} > T_{(3)} > T_{(2)} > T_{(1)}$ e os valores variaram de 0,43 a 0,49, 0,42 a 0,48, 0,40 a 0,46, 0,37 a 0,45 e 0,36 a 0,43 por cento sob os respectivos tratamentos.

(II) Níveis crescentes de enxofre até 60 kg S ha^{-1} aumentaram significativamente o teor de azoto disponível em todas as fases de crescimento. Verificou-se também que o teor de azoto disponível diminuía com a idade da cultura. Os valores do teor de azoto disponível após a conclusão da experiência foram 187,7, 200,8, 206,6, 222,2 e 231,1 kg ha^{-1} nos tratamentos T1, T2, T3, T4 e T5, respetivamente.

(III) Níveis crescentes de enxofre aumentaram progressivamente o teor de fósforo disponível nas parcelas de trigo de 18,5 para 24,6 kg ha^{-1} aos 30 DAS, 15,5 para 22,6 kg ha^{-1} aos 60 DAS e 10,7 para 18,4 kg ha^{-1} na fase de maturidade. O efeito da aplicação de enxofre foi estatisticamente significativo.

(IV) O conteúdo de potássio disponível no solo foi de 214.6, 223.3, 226.3, 231.0 e 235.0 kg ha^{-1} aos 30 DAS; 202.6, 211.3, 215.3, 220.0 e 222.0 kg ha^{-1} aos 60 DAS e 182.6, 191.3, 198.3, 204.0 e 210.0 kg ha^{-1} no estágio de maturidade sob os tratamentos T1, T2, T3, T4 e T5, respetivamente. Com base no conteúdo de potássio disponível, os tratamentos com enxofre de diferimento podem ser organizados na ordem $T_{(5)} > T_4 > T_{(3)} > T_{(2)} > T_1$. A aplicação de 60 kg S ha^{-1} registou um teor de K disponível significativamente mais elevado do que o controlo em todas as fases de crescimento.

(V) Níveis crescentes de enxofre aumentaram significativamente o teor de enxofre disponível e a maior quantidade foi registada em T5 e a menor no controlo.

O teor de enxofre disponível variou de 10,2 a 18,3, 9,0 a 15,8, 7,2 a 13,0 T4 a 30, 60 e nos estágios de maturidade.

(VI) O pH do solo das parcelas de trigo sob diferentes tratamentos de enxofre variou de 6,74 a 7,65 aos 30 DAS, 6,84 a 7,91 aos 60 DAS e 7,0 a 8,15 na fase de maturidade. O pH do solo das parcelas de trigo diminuiu com o aumento da dose de aplicação de enxofre em todas as fases de crescimento. No que diz respeito ao pH do solo, os diferentes níveis de tratamentos com enxofre podem ser organizados na ordem $T_{(1)} > T_2 > T_{(3)} > T_{(4)} > T_5$.

(VII) O efeito de diferentes tratamentos com enxofre na CE do solo foi encontrado na ordem $T_{(1)} > T_{(2)} > T_{(3)} > T_{(4)} > T_{(5)}$ e os valores variaram de 0,28 a 0,35, 0,26 a 0,31, 0,26 a 0,30, 0,22 a 0,29 e 0,21 a 0,27 dSm^{-1} nos respectivos tratamentos.

(VIII) Em geral, a altura da planta de trigo mostrou uma tendência de aumento contínuo do estágio 30 ao estágio de maturidade em todos os tratamentos. O efeito de diferentes níveis de aplicação de enxofre na altura da planta foi encontrado na ordem $T_{(5)} > T_{(4)} > T_{(3)} > T_{(2)} > T_{(1)}$ e os valores variaram de 95.0 a 32.8, 93.1 a 30.7, 82.1 a 23.8, 78.4 a 24.0 e 73.1 a 22.1 cm sob os respectivos tratamentos.

(IX) O número de perfilhos da cultura de trigo mostrou uma tendência de aumento contínuo de 30 até o estágio de maturidade em todos os tratamentos. Um número significativamente maior de perfilhos (309 perfilhos/m^2) foi registado em parcelas tratadas com 60 kg S ha^{-1} e menor (124 perfilhos/m^2) sob controlo.

(X) O rendimento mais elevado de grãos (32,8 Q ha$^{-1)}$ e de palha (47,5 Q ha^{-1}) de trigo foi registado com T5 (60 kg S ha^{-1}) e o rendimento mais baixo de grãos (18,6 Q ha^{-1}) e de palha (29,5 Q ha$^{-1)}$ foi encontrado com o controlo. Em geral, o efeito dos tratamentos foi estatisticamente significativo.

(XI) O efeito dos tratamentos no teor de azoto, fósforo, potássio e enxofre da cultura do trigo foi determinado pela ordem $T_{(5)}> T_4> T_{(3)}> T_{(2)} > T_1$, tendo sido registado um efeito estatisticamente significativo.

Conclui-se que a aplicação de 60 kg S ha^{-1} é mais benéfica do que 15, 30 e 45 kg S ha^{-1} em termos de crescimento, rendimento e qualidade do trigo. Mostrou ainda que a aplicação de enxofre, para além de aumentar o crescimento e o rendimento da cultura do trigo, também melhorou as propriedades físico-químicas do solo em termos de disponibilidade de nutrientes e ambiente físico.

Anand, 1991. Efeito do adubo verde e da fertilização com S no solo. *Jornal da Sociedade Indiana de Ciência do Solo*, 39 (30): 530-536.

Anwar, M.; Chand, S.; Naqvi, A.A. e Patra, D.D. 2002. Effect of graded level of nitrogen and sulphur on yield nutrient accumulation and quality of Japanese mint. *Journal of Indian Society of Soil Science*, 50(2): 174177.

Arora, A. e Singh, V. 2009. Resposta da variedade de trigo à aplicação de enxofre. *Indian Journal of Agriculture Science*, 32 (2): 171-172.

Archarya, N. 1973. Efeito da aplicação combinada de sulfato utilizando S^{35} como marcador e fosfato numa cultura de arroz. *Oryza* 10 (1): 41-44.

Baba, G.H. 1995. Nota sobre o teor proteico do arroz. *Indian Journal of Agriculture Science*, 41(10): 893-894.

Babiker, F.S. 1986. O efeito dos níveis de sulfato de amónio no crescimento e produtividade do arroz. *Journal of Agriculture Research*, 31(2): 480-481.

Badhe, N.N. e Landhe, M.G. 2008. Capacidade de fornecimento de enxofre de diferentes compostos contendo S, medida pela sua disponibilidade e absorção pelo sorgo CSH^{-4} e pelo trigo S-277. *Jornal da Universidade de Agricultura de Maharshtra*, (5): 33-35.

Biswapati, M; Hazara, G.C. e Pal, A.K. 2006. Transformação de S no solo em condições submersas e sua relação com a nutrição de S do arroz *Plant and Soil*, 106(1): 121-126.

Black, C.A. 1971. Methods of soil analysis, part 2, Madison, Wisconsin, *USA American Society of Agronomy*.

Bower, C.A. e Wilcox, L.V. 1965. Soluble salts P. 1933-1951. Em C.A. Black et al. methods of soil analysis, part 2, Madison, Wisconsin, *U.S.A. American Society of Agronomy*.

Chandel, S.R.S. 2001. Handbook of Agricultural Statistics. *Achal Prakashan Mandir 117/574 Pandu Nagar Kanpur*, 208005.

Chein, S.H.; Hellums, D.T. e Henao, J. 1987. Avaliação em casa de vegetação de enxofre elementar e gesso para arroz inundado. *Jornal da Sociedade Indiana de Ciência do Solo*, 51 (1): 120-123.

Chesnin, L. e Yien C.H. 1951. Determinação turbidimétrica do enxofre disponível no solo. *Soil Science Society of America Proceeding*, 15; 149151.

Das, S.K. e Dutta, N.P. 2010. Fertilização com enxofre para aumentar a produção e a qualidade dos grãos. *Notícias sobre Fertilizantes*, 18: 3-10.

Das, S.K. e Dutta, N.P. 1973. Sulphur fertilization on chemical composition and nutrient uptake by legume. *Journal of the Indian Society of Soil Science*, 14: 69-76.

De Dutta, S.K. 1998. Balanço de nutrientes para plantas em sistemas de cultivo de arroz de terras baixas em sistemas integrados de nutrição vegetal. *Boletim de Fertilizantes e Nutrição Vegetal* 12: 369-384.

Dixit, U.C. e Patro, N. 2005. Effect of level of N.P.K. and plant density on nutritional uptake by summer rice Orissa. *Journal of Agriculture Research*, 7:102-104.

Handekar, U.R. e Shinde, D. 1991. Phosphorus nutrition on black gram as influenced by P and S application. *Journal of Indian Society of Soil Science*, 29: 584-585.

Hernazdez, D.L.; Cabello, R.; Castillo, O. e Diaz, A. 1986. O efeito do nível de fertilizante de enxofre no rendimento do arroz irrigado *Agrotemica Decuba*, 17 (2): 63-69.

Honway, J.J. e Heidel, p. 1952. Soil analysis method as used in low state college soil testing laboratory, *Low State College of Agriculture*, 57: 113.

Instituto Internacional de Investigação do Arroz, 2005. Relatório anual sobre a qualidade dos grãos, *Indian Rice Research Report*, 25-32.

Islam, A.; Hossain, M.S.A. Howlader, A.S.; Islam, A.; Mandal, R. e Huq, S.M.I. 1987. Effect of sulphur on rice under flooded condition (Efeito do enxofre no arroz sob condições de inundação). *Journal of the Indian Society of Soil Science*, 5 (2): 93-101.

Ismunadji, M. e Miyake, M. 1978. Aplicação de enxofre no teor de aminoácidos do arroz integral. *Japan Agriculture Research*, 12 (3): 180-182.

Ismunadji, M; Zulkarnajni, I e Miyake, M. 1975. Sulphur deficiency in low land rice in Jawa contribution *Central Research Institute for Agriculture Bangalore*, 14, 17-20.

Ivanic, J. 1977. Efeito de várias taxas de aplicação de enxofre na absorção de nutrientes e no rendimento da cevada de primavera. *Journal of the Indian Society of Soil Science*, 33:260-270.

Jackson, M.L. 1967. Soil chemical analysis, Nova Deli. *Prentice Hall of India.*

Jat, J.R. e Mehra, R.K. 2007. Effect of sulphur on yield, macronutrient content in and uptake by mustard on Haplustert. *Journal of the Indian Society of Soil Science*, 55 (2): 190-195.

Jat, J.R. e Yadav, B.C. 2006. Different forms of sulphur and their relationship with properties of Entisols of Jaipur district (Rajasthan). *Journal of the Indian Society of Soil Science*, 54 (5): 93-104.

Khan, M.; Khan, H. e Ahmad, R. 2006. Response of maize to different levels of sulphur (Resposta do milho a diferentes níveis de enxofre). *Journal of the Indian Society of Soil Science*, 37 (1): 41-51.

Khandekar, U.R. e Shinde, D. 1991. Phosphorus nutrition on black gram as influenced by P and S application. *Journal of the Indian Society of Soil Science*, 29: 584-585

Mishra, S.K. 2003. Effect of sulphur and potassium on yield, nutrient uptake and quality characteristics of mustard crop in udic Haplusteps of Kanpur. *Journal of the Indian Society of Soil Science*, 51 (4): 544-548.

Moss, H.J.; Wrigily, B.B. Ritchi, F. e Rahdhall, P.J. 1981. Sulphur and nitrogen fertilizer effect on wheat *Journal of the Indian Society of Soil Science*, 32:213-226.

Nandram, R. 2003. Amelioration of sulphur stress by farm yard manure in a rice wheat cropping system. *Jornal da Sociedade Indiana de Ciência do Solo*, 44(1): 35-39.

Olsen, S.R.; Cale, C.V.; Watanable, F.S. e Dean, L.A. 1954. Estimativa do fósforo disponível no solo por extração com bicarbonato de sódio. *Department of Agriculture Science*, 939.

Olsen, L.C. e Turk, E.E. 1994. Rapid micro determination of boran by means of quinalizarin and a Photoelectric Colorimeter, *Soil Science*, 50: 257-264.

Patra, D.D.; Anwar, M. e Chand, S. 1997. Plant nutrition for sustainable food production and environment *Journal of the Indian Society of Soil Science*, 45 (2): 44-45.

Patel, P.C. e Patel, J.R. 1994. Effect of phosphorus and sulphur on forage yield and nutrient uptake by Lucerne. *Journal of the Indian Society of Soil Science*, 41: 154-156.

Panda, S.C. e Nayak, R.C. 1984. Effect of sulphur on the growth and yield of rice. *Indian Journal of Agronomy*, 19 (1): 1-13.

Pillai, R.N. 1994. Sulphur status of black soils and crop responses to sulphur in Andhra Pradesh. In work-shop on sulphur in balanced use in Andhra Pradesh and Maharashtra, 14-15.

Raining, R.E.; Rasmussen, P.E.; Maras, R.R. e Smith, C.M. 1975. Relação nitrogénio-enxofre na resposta do rendimento do trigo branco macio de inverno ao fertilizante e ao enxofre residual. *Indian Journal of Agronomy*, 67: 2 19-224.

Randhall, P.J.; Spencer, K. e Freny, R. 1981. Sulphur and nitrogen to sulphur rotation in grain relation to the field response. *Journal of Agriculture Research*, 2: 203-2 12.

Randhawa, N.S. 1973. A deficiência secundária e de micro nutrientes é um fator limitante na utilização eficiente de fertilizantes. *Fertilizer News*, 18: 42-47.

Ruhal, D.S. 1975. Efeito do enxofre em solos deficientes do Rajastão. *Tese de doutoramento, Universidade de Udaipur.*

Ressell, J.S. e Chapman, A.L 1988. Deficiência de enxofre no arroz cultivado em solos alcalinos. *Journal of the Indian Society of Soil Science*, 28 (1): 111117.

Sagwal, U.P. e Kumar, V. 1994. Effect of balanced use of fertilizers on productivity and profitability of Basmati rice. *Fertilizer News*, 39 (10): 5570.

Sedberry, J.E.; Blight, D.P.; Peterson, F.J. e Amarhar, M.C. 2006. Influência do pH do solo e da aplicação de S no rendimento e na absorção de elementos nutritivos selecionados pelo arroz. *Ciência do Solo e Análise de Plantas*, 19 (15):579-615.

Seheltema, W. 1974. Puddling against dry ploughing for low land rice culture in Suriham Agriculture Research 823, Centre for *Agricultural publishing and Documentation, Wageningen, Netherlands*, 241.

Setia, R.K. e Sharma, K.N. 2004. Sulphur regime on available soil under tong different fertilization at various growth stages of wheat *Journal of the Indian Society of Soil Science*, 52 (2): 150-155.

Sharma, K.N.; Bhandari, A.L.; Kapur, M.L. e Rana, D.S. 1985. Influence of growing various crops in five different fixed rotations on the changes in nitrate and total nitrogen content of soils. *Journal of Agricultural Science Cambridge*, 104: 609-613.

Shukia, K e Pandey, J. 2009. Effect of rice, green manure, pressmud, pyrite and gypsum on the productivity of wheat on saline sodic soils. *India Journal of Agronomy*, 33 (1): 84-86.

Singh, B.N. e Sakal, R. 2002. Rastreio da tolerância à deficiência de enxofre no arroz. *Instituto Internacional de Pesquisa do Arroz*, 12 (6): 15-16.

Singh, J.P.; Bohra, J.S. e Singh, K. 1986. Nitrogen use efficiency in rice. *Instituto Internacional de Investigação do Arroz*, 1 (3): 28.

Singh, S.P.; Thakkar, P.N. e Nayyar, V.K. 1995. Resposta do arroz à aplicação foliar de S. *Fertilizer News*, 40 (6): 52-54.

Singh, V.P. and Singh, R. 2004; Interaction effect of sulphur and phosphorus growth and nutrient uptake of black gram (*Phaseolus mungo* L.) *Journal of the Indian Society of Soil Science*, 52 (3): 266-269.

Singh, D.K. 2007. Efeito do nível de enxofre nas propriedades físico-químicas do solo, crescimento da cultura e rendimento da cultura de hortelã japonesa. Tese de Mestrado (Ag), Departamento de Química Agrícola e Ciência do Solo. *Colégio Autónomo Udai Pratap, Varanasi*, 28-49.

Sinha, R.B.; Sakal, R. e Kumar, S. 1995. Nutrição de enxofre e fósforo do milho de inverno em solo calcário. *Journal of the Indian Society of Soil Science*, 43: 413-418.

Singh, C. 2008. Modern techniques of raising field crop. *Oxford e IBH Publishing Company Private Limited, Nova Deli.*

Sinha, L. 1995. Efeito de várias taxas de aplicação de fertilizantes de enxofre em solo indiano. *Field Crop Abstract Bulletin*, 33:260-270.

Subbiah, B.V. e Asija, G.L. 1956. Um procedimento rápido para a determinação do azoto disponível no solo. *Journal of the Indian Society of Soil Science*, 25: 259-60.

Sherad, N e Verma, T.S. 2001. Melhoria da produtividade do solo com a adição de lantana a longo prazo no sistema de cultivo arroz-trigo. *Journal of the Indian Society of Soil Science*, 49: 467-470.

Tandon, H.LS. 1970. Sulphur research and agricultural production in India. *Terceiro suplemento, Fertilizer News*, 140.

Tandon, J.P. 2009. Handbook of Agriculture, 1005-1006.

Tesrling, V.V. e Erofeev, A.A. 1973. Investigação da nutrição de enxofre em culturas de leguminosas gramíneas e crucíferas. *Journal of the Indian Society of Soil Science*, 7: 127-133.

Tiwari, K.N.; Nigam, V. e Pathak, A.N. 1983. Effect of sulphur fertilization on yield response sulphur and nitrogen composition of rice grown in the soil of Kanpur district. *Journal of Agriculture Science*, 53: 812-819.

Tripathi H.C.; Singh R.S. e Mishra, V.K. 1996. Efeito da nutrição S no rendimento e na qualidade do grão-de-bico. *Journal of the Indian Society of Soil Science*, 72 (1): 123-126.

Verma, L.P. e Mehta, P.C. 2010. Efeito do enxofre no crescimento, rendimento e qualidade do trigo. *Indian Journal of Agronomy*, 36: 258.

Verma, S.S., Singh, R.S. e Shahi, S.K. 2008. Efeito da aplicação de enxofre e zinco na hortelã-pimenta sob Jatropha (*Jatropha curcus*). *Journal of Environmental Research*, 20(2): 53-58.

Wallihan, E.F. e Sharpless, R.g. 1974. Effect of sulphur on the optimum concentration of nitrogen in leaves of the rice. *Journal of the Indian Society of Soil Science*, 118 (5): 304-307.

Vashida, S. And Chaudhary, M.R. 1979.Effect of Sulphur nutrition in rice. *Soil and Plant Nutrition*, 25 (1): 121-134.

MIX
Papier aus verantwortungsvollen Quellen
Paper from responsible sources
FSC® C105338

Printed by Books on Demand GmbH, Norderstedt / Germany